AF319651

DE L'INFLUENCE

QU'EXERCENT

LES EXCITATIONS DU BOUT PÉRIPHÉRIQUE
DU NERF SCIATIQUE

SUR LA TEMPÉRATURE DU MEMBRE CORRESPONDANT

Mémoire lu à la Société de Biologie, séance du 4 mars 1876,

Par le docteur R. LÉPINE,
Agrégé de la Faculté.

D'après tous les auteurs classiques, l'électrisation du bout périphérique du nerf sciatique détermine un abaissement de la température du membre : « Après la section du nerf sciatique, dit Longet, on constate la dilatation des vaisseaux et un accroissement de température dans le membre correspondant ; phénomènes qui sont remplacés par des phénomènes inverses (contraction des vaisseaux et refroidissement) aussitôt que l'on galvanise le nerf sciatique. » (*Traité de physiologie*, 3ᵉ édit. t. III, p. 613).

Ce fait a été, comme on sait, récemment contredit par M. le professeur Goltz. Ce physiologiste distingué affirme (PFLUEGER'S ARCHIV. IX) qu'en soumettant le bout périphérique du nerf sciatique d'un chien à un courant galvanique ou faradique, on voit la température du membre augmenter rapidement de 4 à 5 degrés C. Il en est de même si, le sciatique intact, on excite la moelle lombaire. Dans les deux cas, dit-il, l'effet obtenu est toujours une action vaso-dilatatrice. Cette action, il l'explique en admettant que l'excitation du nerf sciatique (ou de la moelle) paralyse pour un certain temps l'activité tonique des ganglions vasculaires terminaux. D'après lui, les effets thermiques consécutifs à la section d'un nerf sont le résultat de l'*excitation* de ce nerf.

Non-seulement l'interprétation donnée par M. Goltz à son expérience, mais l'exactitude même du fait qu'il annonce ont été vivement contestées : « Il est possible à la rigueur, dit M. le professeur Vulpian, que l'électrisation du bout périphérique du nerf sciatique, faite d'une certaine façon, irrite les tissus de la cuisse et détermine, par l'intermédiaire des fibres centripètes non coupées, une action suspensive sur les centres vaso-moteurs contenus dans la moelle lombaire et les ganglions sympathiques abdominaux ; mais l'excitation portant bien isolément sur le bout périphérique du nerf sciatique n'a pas sur les fibres vaso-motrices que renferme ce nerf l'action observée par M. Goltz. J'ai électrisé bien souvent le bout périphérique de ce nerf sur des chiens curarisés ou chloralisés ; or, j'ai toujours constaté et j'ai pu faire voir que cette électrisation a pour résultat de faire resserrer les vaisseaux des extrémités digitales du membre correspondant. C'est là un résultat constant. Le resserrement des vaisseaux se traduit chaque fois qu'on électrise le nerf par un arrêt de l'écoulement de sang provenant d'une plaie faite à la pulpe de l'un ou de l'autre des orteils. » (*Leçons sur l'appareil vaso-moteur*, t. II, p. 480-481.) Plus loin, M. Vulpian s'exprime avec non moins de précision sur le même point : « Si l'on coupe, dit-il, le nerf sciatique à la partie supérieure de la cuisse, chez un chien curarisé et si l'on excise la pulpe des orteils du même côté, on détermine une hémorrhagie plus abondante que si le nerf était intact. Après avoir constaté la rapidité avec laquelle coule le sang, si on électrise le bout inférieur du nerf, on voit l'écoulement sanguin se ralentir et quelquefois s'arrêter même complétement. Cet arrêt de l'hémorrhagie dure pendant quelques instants encore après qu'on a cessé l'électrisation, puis le sang recommence à couler avec autant de rapidité qu'auparavant ». (*Id.* p. 662.) Enfin, dans sa dernière leçon, M. Vulpian revient encore sur cette expérience : « En interrompant et en reprenant successivement la faradisation du nerf sciatique, on voit alternativement l'hémorrhagie reparaître et cesser. Peut-être même l'expérience réussit-elle mieux chez des chiens chloralisés que sur ces mêmes animaux curarisés. » (*Idem,* p. 756).

Deux jeunes physiologistes, MM. Putzeys et Tarchanoff, ont aussi constaté, dans le laboratoire de M. Goltz, le rétrécissement des vaisseaux de la patte, pendant l'excitation du bout périphérique du nerf sciatique. Mais, d'après eux, si l'excitation est continuée pendant plusieurs minutes, « le rétrécissement fait place à une dilatation qui doit être considérée comme un effet de l'épuisement du nerf ; car en excitant un segment du nerf plus rapproché de la périphérie, on produit de nouveau le rétrécissement vasculaire. » Aussi MM. Putzeys et Tarchanoff ne considèrent pas comme démontré que le sciatique contienne des fibres vaso-dilatatrices ; l'épuisement des vaso-constricteurs consécutifs à une excitation trop prolongée leur suffit pour expliquer la dilatation vasculaire et l'élévation de la température de la patte observée par M. Goltz.

Dans un nouveau mémoire (PFLUEGER's ARCHIV. XI, p. 52, 1er juillet) ce physiologiste maintient ses précédentes assertions. Il concède seulement que, conformément aux observations de MM. Putzeys et Tarchanoff, on peut parfois observer une courte contraction des vaisseaux de la patte avant la dilatation considérable qu'il a décrite.

Cherchant à démontrer que la simple section d'un nerf agit à la manière d'un excitant sur les fibres vaso-dilatatrices, M. Goltz a institué l'expérience suivante : Il coupe le nerf sciatique aussi haut que possible et isole le bout inférieur jusqu'au niveau du creux poplité. Un des jours suivants, il prend avec une pince l'extrémité de ce bout périphérique et pratique avec des ciseaux une série d'entailles dans toute la longueur du nerf préparé, et il constate qu'à la fin de cette opération, la patte se réchauffe beaucoup et que sa température atteint un degré peu inférieur à celui de la température rectale. Ajoutons pour être complet, qu'il avait préalablement coupé la moelle afin d'anesthésier d'une manière complète le train inférieur de l'animal.

MM. les professeurs Masius et Vanlair se rangent à la manière de voir de M. Goltz : « L'irritation électrique ou mécanique du nerf sciatique, disent-ils, détermine dans la presque totalité des cas, et d'une façon presque toujours immédiate, un effet vaso-dilatateur ». (GAZETTE HEBDOMADAIRE, 8 octobre 1875, p. 646). Voici l'expérience qu'ils donnent à l'appui de leur assertion :

« Chez un chien dont la moelle lombaire avait été sectionnée, puis détruite dans tout son segment postérieur depuis l'avant-veille, on faradise avec un fort courant le nerf sciatique. La température de l'extrémité correspondante commence à monter après deux minutes d'électrisation et passe en quelques instants de 35°,3 à 36°,5 C. On suspend l'électrisation et aussitôt la température s'abaisse pour descendre en cinq minutes jusqu'à 35°,5. Une application nouvelle fait remonter la colonne mercurielle à 35°,8 en une minute. On interrompt de nouveau la faradisation, la température continue cette fois à monter un peu pendant une demi-minute, mais elle se met ensuite à décroître jusqu'à 35°,1 ; on faradise une troisième fois, la température monte encore légèrement, puis après quelques oscillations elle reste à 35°,5. Pendant ce temps, la température du côté opposé est restée stationnaire. » (*Loc. cit.*, p. 647).

En présence des résultats contradictoires que nous venons de mentionner, nous avons pensé qu'il n'était pas inutile de rechercher de quel côté se trouve la vérité. Voici les faits afférents à ce sujet que nous avons constatés dans le cours d'expériences entreprises à un autre point de vue.

Dans toutes ces expériences la température de la patte a été prise à l'aide d'un thermomètre extrêmement sensible, dont les divisions en dixièmes de degré centigrade sont distantes de plusieurs millimètres, de sorte qu'aucune erreur de lecture n'est possible. La boule du thermomètre était introduite entre les deux orteils du milieu, rapprochés à l'aide d'un fil non serré, et restait en repos, grâce à la curarisation de l'animal, pendant toute la durée de l'expérience (1).

Exp. I. — Petit chien à longs poils, dont le sciatique gauche avait été coupé quatre jours auparavant. Curarisation modérée. Pendant le cours de celle-ci on note que la patte postérieure gauche (paralysée) ne s'échauffe pas autant que l'autre. La température de la patte gauche étant à 33 degrés centigr., le tiraillement du bout périphérique du nerf sciatique amène une élévation de plus d'un degré. (Le tiraillement du nerf avait été déterminé en plaçant les électrodes avant la fermeture du courant.) Les électrodes fixés, la fermeture du courant produit une élévation un peu moindre que le simple tiraillement.

Notons en passant que le tiraillement du bout périphérique a

---

(1) Comme ce thermomètre est construit d'après le principe des instruments de Walferdin, on comprendra que, dans le cours de quelques-unes des expériences, j'aie dû me contenter de noter des différences et que je n'indique pas toujours les chiffres absolus.

5

produit dans la patte gauche une élévation de la température au moins aussi considérable que l'excitation faradique.

Le sciatique droit ayant été sectionné depuis quelques instants, et la température de la patte droite dépassant 34 degrés centigr., on électrise le bout périphérique avec le même courant. Au bout d'une demi-minute, il y a un abaissement de 3 dixièmes de degré ; dès que l'électrisation a cessé, il se fait une légère élévation de 2 dixièmes ; puis, la température redescend à cause de la curarisation.

Cette expérience montre bien que deux excitations faradiques, bien que de même intensité, ne sont pas suivies des mêmes effets thermiques sur les deux pattes, si le nerf de l'une vient d'être sectionné, tandis que le nerf de l'autre a été coupé depuis quelques jours. Dans ce dernier cas, la patte étant plus froide, au moment de l'excitation on peut observer d'emblée une élévation de la température, sans qu'il se produise nécessairement un abaissement préalable ; tandis que, de l'autre côté, c'est un abaissement immédiat qu'on obtient, abaissement plus prononcé que l'élévation consécutive.

Exp. II (23 octobre 1875). — Petit chien, fortement curarisé, ayant subi la mise à nu des deux hémisphères cérébraux. Les deux pattes postérieures étant très-froides, je coupe le sciatique droit ; la température de la patte ne s'élève qu'à 15 degrés centigr. La colonne thermométrique étant immobile, je constate de la manière la plus nette que la cautérisation du bout périphérique du nerf avec le fer rouge (1), suivie de son arrachement, amène une élévation de plus de 5 degrés.

Je coupe alors le sciatique gauche ; or, en immergeant le bout périphérique de ce nerf dans un petit godet renfermant de l'acide azotique, je produis dans la patte correspondante une élévation presque aussi considérable que la précédente. Quelques instants après, ayant excisé 2 centimètres du bout périphérique du sciatique gauche immergé dans l'acide azotique, j'électrise ce bout périphérique avec un courant d'induction médiocrement fort ; j'obtiens dans la patte une élévation d'au moins 3 dixièmes de degré. Puis, en tiraillant ce bout périphérique, je produis encore une élévation de 1 degré et demi.

---

(1) Je m'étais assuré par une contre-épreuve (cautérisation avec le fer rouge d'un muscle voisin) que l'élévation de la température de la patte ne devait pas être attribuée au rayonnement de la chaleur du cautère.

Ainsi, les deux pattes étant froides, divers excitants appliqués sur les bouts périphériques des deux sciatiques, récemment coupés, n'ont tous déterminé qu'une élévation de la température dans la patte correspondante, variable suivant la nature et l'intensité de l'excitant.

Exp. III (30 octobre 1875). — Chien de chasse, curarisé, dont les deux hémisphères cérébraux ont été mis à nu ; hémorrhagie assez notable. Section de l'un des sciatiques, la patte est restée froide ; l'électrisation du bout périphérique a produit non un abaissement, mais une légère élévation, suivie, après la cessation de l'électrisation, d'un abaissement léger qui a persisté malgré la cautérisation du nerf. L'animal, à ce moment, était tout à fait épuisé.

Il n'y a, dans l'expérience précédente, à relever que ce fait que, la patte étant froide, l'électrisation du nerf récemment coupé a produit, malgré l'épuisement, une légère élévation de la température.

Exp. IV (2 novembre 1875). — Chien curarisé. Section du sciatique droit. L'animal est ensuite employé à diverses expériences sur les vagues. Celles-ci étant terminées, la température de la patte droite est à 30 degrés, tandis que celle de la patte gauche, dont le nerf est intact, est à 16 degrés. L'électrisation du bout périphérique du sciatique droit, avec un courant fort, n'amène que des oscillations sans importance. Alors j'immerge la patte droite dans de l'eau à 10 degrés centigr. pendant quelques minutes. Après sa sortie, la colonne thermométrique étant immobile (la température n'a malheureusement pas été notée exactement, mais elle était fort inférieure à la température préalable 30 degrés), on constate que quelques secondes après le début de la faradisation le mercure commence à monter. L'élévation est de 5 degrés et demi.

Alors j'ai immergé la patte dans de l'eau à 60 degrés pendant quelques minutes. Après sa sortie, le mercure étant immobile, j'ai noté que l'électrisation du même bout périphérique produisait un abaissement, à la vérité, moindre que n'avait été l'élévation précédente. Peut-être le nerf commençait-il à être épuisé.

De cette expérience nous avons à retenir : 1° que la patte étant à 30 degrés, l'excitation a été sans effet notable; 2° que, le membre ayant été artificiellement refroidi, la même excitation a été suivie d'une élévation énorme de la température; 3° que, après l'échauffement du même membre, la même excitation y a produit un abaissement de la température.

Exp. V (6 novembre 1875). — Chien faiblement curarisé. Section du sciatique droit. Quelques minutes après la température de la patte droite est à 37°,3; celle de la patte gauche à 25 degrés. Cinq minutes plus tard, la première est à 37°,2; la seconde à 23°,2 (abaissement général produit par le curare). Une excitation faible du bout périphérique du sciatique droit détermine un abaissement très-faible. Trois quarts d'heure plus tard, la température des pattes ayant continué à s'abaisser notablement par suite de la curarisation, j'immerge la patte droite dans de l'eau à 50-60 degrés centigr. Un quart d'heure après, le mercure étant parfaitement immobile, on trouve la température de la patte droite à 35°,5; celle de la patte gauche à 15°,2. La faradisation du bruit périphérique du sciatique droit produit un abaissement des plus nets, de quelques dixièmes.

Mêmes résultats que ceux mentionnés dans les conclusions 1 et 3 de l'expérience précédente.

Je coupe alors le sciatique gauche et j'immerge aussitôt la patte gauche dans de l'eau à 12-14 degrés centigr., dans le but d'empêcher l'élévation de la température de la patte. Mais je n'atteins qu'incomplétement ce but; et, à la sortie, lorsque la colonne thermométrique cesse de monter, elle accuse une température de plus de 30 degrés centigr. L'électrisation du bout périphérique du nerf produit alors une légère élévation, des plus nettes d'ailleurs.

Même résultat que celui signalé dans la conclusion 2 de l'expérience IV; seulement beaucoup moins accusé parce que, l'eau étant moins froide, le refroidissement de la patte était incomplet. Il est de plus à noter que, dans cette expérience, ainsi que dans les expériences II, III et IV, il s'est produit une élévation de température, bien que le nerf fût récemment coupé.

Exp. VI (9 novembre 1875). — Chien assez gros, à longs poils. Curarisation à peine complète; section du sciatique droit. La patte est aussitôt immergée dans de l'eau à 14 degrés, pendant une demi-heure, puis on refroidit cette eau avec de la glace. Dix minutes après, la patte est retirée; sa température s'élève rapidement à plus de 33 degrés centigr., bien qu'on essaie de modérer le réchauffement en l'arrosant d'eau glacée. Lorsque le mercure est au repos, l'excitation du bout périphérique du sciatique avec un courant d'induction faible détermine une

8

faible descente, puis une faible élévation ; puis, état stationnaire. Quelques instants après, on recommence l'excitation avec un courant un peu plus faible, il y a tendance marquée à l'abaissement ; puis, avec un courant très-fort, on a une élévation de plus de 6 dixièmes de degré.

Dans cette expérience, où je n'ai pas réussi à modérer l'échauffement de la patte, effet immédiat de la section du sciatique, je n'ai obtenu que des résultats assez analogues à ceux de MM. Putzeys et Tarchanoff.

Exp. VII (23 novembre 1875). — Chien d'arrêt de grande taille et vigoureux. Curarisation modérée. A une heure et demie, on coupe les deux sciatiques. La température des deux pattes est à 34 degrés centigrades On s'assure que le tiraillement de chacun des bouts périphériques élève un peu la température de la patte correspondante. A deux heures, on électrise le bout périphérique du sciatique gauche avec un courant fort, tandis que le mercure avait une légère tendance à l'abaissement. On note que l'électrisation paraît accélérer légèrement l'abaissement. Après l'électrisation finie, il y a un temps d'arrêt.

A deux heures vingt minutes, on injecte dans la veine fémorale environ 2 centigrammes d'atropine en solution dans l'eau ; la pupille se dilate presque aussitôt. La température des quatre pattes continue à s'abaisser légèrement. Une aiguille ayant été implantée dans le cœur, on constate que l'électrisation du bout périphérique du vague droit, avec un courant très-fort, ne ralentit pas les battements de cet organe. On électrise alors le bout périphérique du sciatique droit pendant trois minutes et on observe une élévation de la température de la patte de 28° à 30°,4. Le tiraillement du bout périphérique du sciatique gauche fait monter de 2°,8 la température de la patte correspondante.

Dans cette expérience on remarquera : 1° que le tiraillement des deux sciatiques récemment coupés est suivi d'une élévation légère de la température de la patte, tandis que l'électrisation ne produit pas le même résultat ; 2° qu'après l'intoxication de l'animal par l'atropine, les pattes étant peu chaudes, le tiraillement et l'électrisation du nerf amènent une élévation considérable de la température.

C'est au refroidissement de l'animal et peut-être à l'atropinisation modérée qu'il faut rapporter l'élévation de la température de la patte au moment de l'excitation du nerf. Quant à l'intoxication atropique forte, elle met plutôt le sujet dans des conditions défavorables à la production de ce phénomène. C'est ce que prouvent les expériences suivantes (1) :

Exp. VIII (30 mars 1876). — Chien très-vigoureux, *non curarisé*.

2 h. 45, section du sciatique gauche. Presque aussitôt après, la température de la patte correspondante est à 35 degrés C. ; puis, au bout de quelques minutes, elle s'abaisse à 34 degrés C. A ce moment, l'électrisation du bout périphérique du nerf avec un courant fort élève *d'emblée sans abaissement préalable* la température de la patte. L'électrisation a duré deux minutes et l'élévation de la colonne mercurielle a été de deux degrés (de 34 à 36). Pendant la minute qui a suivi la cessation de l'électrisation, la colonne a encore monté d'un degré.

Le 6 avril, à 2 heures, section du sciatique droit.

2 h. 16, la température de la patte est à 38 degrés C. L'électrisation du bout périphérique abaisse, de quelques dixièmes, la température du membre ; puis, celle-ci se met à présenter des oscillations légères.

2 h. 40, injection de plusieurs centigrammes de sulfate d'atropine sous la peau.

2 h. 46, le chien s'agite ; l'électrisation du bout périphérique détermine un léger abaissement (de 36 à 35°,6).

3 heures, le chien s'est calmé ; la température de la patte a spontanément monté à 38 degrés ; puis, abaissement spontané continu.

3 h. 22, la température de la patte est à 34 degrés. L'électrisation du bout périphérique avec le même courant produit un léger abaissement.

3 h. 40, la température continue à baisser, avec de grandes oscillations ; spontanément elle remonte un instant à 38 degrés, puis elle redescend à 32°,5, et l'électrisation détermine encore un abaissement semblable aux précédents.

On remarque dans cette expérience, où le chien *n'a pas été curarisé*, que :

1° Le 30 mars, la patte *gauche* étant assez froide malgré la section du sciatique, l'électrisation du bout périphérique a été suivie immédiatement et *sans abaissement préalable*, d'une élévation considérable de la température. Ce résultat mérite d'être noté,

---

(1) Sous ce rapport, les résultats de nos expériences sont d'accord avec ceux de M. Mosso (*Ludwig's Arbeiten*, 1874, p. 196). Ce physiologiste a, en effet, constaté que, si les vaisseaux du rein (isolé du corps de l'animal) se resserrent quand on y fait circuler du sang défibriné renfermant une très-petite quantité d'atropine (0,001 °/₀), ils se dilatent, au contraire, si l'atropine est en proportion décuple.

attendu qu'on n'en obtient généralement un pareil que le lende-
main ou le surlendemain de la section du sciatique, alors que la
température de la patte s'est abaissée ;

2° Le 6 avril, la patte *droite* étant notablement plus chaude après
la section du sciatique correspondant que ne l'avait été la patte
gauche, le 30 mars, l'électrisation du sciatique droit est suivie d'un
abaissement de la température ; tandis que, le 30 mars, l'électrisation du sciatique gauche avait produit une élévation de celle-ci.
Cette différence de résultat met bien en lumière l'importance de
l'état dans lequel se trouvent les vaisseaux de la patte au moment
de l'excitation du nerf ;

3° Les grandes oscillations spontanées de la température de la
patte observées chez l'animal tiennent à ce qu'il n'était pas curarisé. Ce fait a été signalé par plusieurs auteurs ;

4° L'atropinisation *forte* a empêché, comme nous l'avons dit plus
haut, l'excitation du nerf de produire une élévation de la température de la patte, alors même qu'elle était froide. (*L'élévation observée dans l'expérience VII tient, sans doute, à ce que l'intoxication
atropique n'était pas suffisante.*)

Je crois même que lorsque l'intoxication atropique est trop forte,
l'excitation du nerf n'est plus capable de produire un effet d'aucune sorte sur les vaisseaux. C'est ce que paraît prouver l'expérience
suivante :

Exp. IX (27 novembre 1875).— Grand chien de Terre-Neuve, mâtiné.
Curarisation ; section des deux sciatiques.

2 h. 40, la température de la patte droite est à 33°,5 ; le tiraillement
du bout périphérique du sciatique droit amène une légère élévation de la
température de la patte, de six dixièmes ; l'électrisation, une élévation
considérable (de 34°,5 à 37°,6 C.).

3 heures, l'électrisation du bout périphérique produit une élévation
de température moins considérable que la précédente.

3 h. 20, atropinisation forte ; l'électrisation du bout périphérique du
vague droit ne ralentit pas ses battements.

3 h. 40, l'électrisation du bout périphérique des deux sciatiques reste
sans résultat notable : il n'y a ni élévation, ni abaissement de la température des pattes correspondantes.

Je ferai remarquer que, dans l'expérience précédente comme
dans l'expérience VIII, l'excitation du sciatique, *même récemment*

coupé, a amené une élévation considérable de la température de la patte. Le même effet, moins prononcé à la vérité, a été observé dans l'expérience suivante, intéressante sous d'autres rapports :

Exp. X (25 novembre 1875). — Petit chien curarisé, ayant servi à diverses expériences sur les nerfs vagues.

1 h. 45, section des deux sciatiques.

1 h. 55, la température de la patte gauche est à 31º,5 C. ; celle de la patte droite est sensiblement la même.

2 h. 3, la température de la patte gauche est descendue à 31º,2 C. (à cause du refroidissement général dû à la curarisation, la température du rectum est à 33º,2 C.). La faradisation du bout périphérique du sciatique gauche avec un courant *faible* élève la température de la patte correspondante à 31º,8.

2 h. 15, on immerge, pendant 5 minutes, cette patte gauche dans de l'eau à 55-60 degrés C.

3 heures, l'échauffement de la patte gauche causé par l'eau chaude a cessé ; la température de la patte gauche est à 28 degrés C.; celle de la patte droite est à 27 degrés 5. La température du rectum est à 30 degrés, 2 C. Ainsi le refroidissement dû à la curarisation a amené un abaissement parallèle de la température des trois parties sus-mentionnées. La faradisation du bout périphérique du sciatique gauche *avec le même courant que précédemment* produit maintenant un abaissement de la température de 6 dixièmes de degrés.

3 h. 10, injection sous-cutanée de 4 centigrammes d'atropine environ.

3 h. 30, l'excitation du bout périphérique du vague droit avec un courant fort n'arrête pas le cœur.

3 h. 40, la fréquence des battements du cœur a diminué, et l'excitation du bout périphérique du sciatique *droit* avec le même courant que précédemment détermine un faible abaissement de la température de la patte correspondante.

3 h. 50, l'électrisation du bout périphérique du sciatique *gauche* ne produit *aucun effet* thermique apppréciable.

Si, quant aux effets de l'atropinisation, cette expérience n'apprend rien de plus que les deux précédentes, elle est fort importante à un autre point de vue :

Ainsi que l'expérience IV, elle nous montre en effet que, de deux excitations semblables du nerf sciatique, l'une produit, au lieu d'une élévation, un abaissement de la température de la patte, si celle-ci, préalablement, a été immergée dans de l'eau chaude ;

mais elle nous fait pénétrer plus avant dans la cause du phénomène. En effet, postérieurement à la sortie de l'eau chaude, cette patte s'est beaucoup refroidie (à cause de la curarisation); sa température est tombée à 28 degrés. Et cependant, à ce moment, où elle est relativement froide, l'excitation du nerf amène un abaissement de la température; tandis que, au début de l'expérience, cette patte, relativement chaude (quoique absolument elle le fût peu), répondait à l'excitation du nerf par une élévation! Ce résultat paradoxal, puisqu'il est en opposition *apparente* avec ceux de toutes les expériences précédentes, nous montre de la manière la plus claire que ce n'est pas, à proprement parler, le degré thermique de la patte qui influe tant sur le résultat de l'excitation du nerf; c'est l'état de l'appareil nerveux terminal qui tient le calibre vasculaire sous sa dépendance. Voici, selon nous, comment on peut concevoir le mécanisme intime des phénomènes que nous venons de relater dans les expériences précédentes :

L'appareil nerveux terminal ganglionnaire des vaisseaux est constricteur. Il tend sans cesse à en diminuer le calibre. Si un agent tel que le froid excite à son maximum sa tonicité, il est clair que l'excitation des fibres vaso-constrictives contenues dans le sciatique ne pourra rien produire de plus. Au contraire, l'excitation des fibres vaso-dilatatrices qui y sont également contenues sera suivie d'effet, puisqu'elle agira (*par interférence*) dans les conditions les plus favorables. Inversement, quand un agent tel que la chaleur (ou certains médicaments) a détendu le ressort, l'excitation des vaso-dilatateurs aura un résultat nul et ce seront seulement les vaso-constricteurs qui seront dans les conditions propres à produire un effet utile. Eh bien, dans l'expérience précédente, l'immersion dans l'eau chaude avait abaissé au minimum la tonicité de l'appareil terminal constricteur, et celle-ci n'avait pas été récupérée, même après le refroidissement de l'animal; de là vient qu'avec une température assez basse les vaisseaux de la patte se sont comportés comme si celle-ci avait été encore chaude.

La tonicité du *ressort*, ainsi que celle des nerfs antagonistes qui agissent sur lui en sens inverse les uns des autres, est sans nul doute différente non-seulement chez deux animaux, mais chez le même animal à deux moments différents; de là viennent ces dissemblances d'action considérables que l'on remarque chez un même sujet à la suite de l'application du même agent (de l'eau froide, par exemple) à la même température et pendant le même temps. L'agent physique est identiquement le même, et cependant la réaction est différente. C'est ce que l'on observe dans la pratique de l'hydrothérapie.

J'arrive à une question extrêmement intéressante et que, malheureusement, je ne suis pas complétement en état de résoudre, celle de savoir si certains excitants appliqués sur le tronçon du sciatique ont une action élective les uns sur les fibres vaso-constrictives, les autres sur les vaso-dilatatrices.

On a pu voir, dans plusieurs des expériences précédentes (exp. I, patte *gauche;* exp. II, patte *gauche* et exp. VII), que le tiraillement du bout périphérique du nerf était suivi d'une élévation de température plus notable que l'électrisation du nerf, même avec un courant fort. Bien que ce résultat soit loin d'être constant, ainsi qu'on a pu le remarquer dans la relation d'autres expériences, il m'a paru de beaucoup le plus ordinaire. Sans oser l'affirmer d'une manière absolue, je suis cependant très-porté à penser qu'on exerce de cette manière une action élective sur les vaso-dilatateurs.

On sait que MM. Legros et Onimus ont dit, il y a déjà quelques années (1), que chez la grenouille les courants interrompus font contracter les artérioles, ainsi que les courants continus *ascendants* tandis que dans les courants continus *descendants* la circulation est accélérée. Dans leur *Traité d'électricité,* ces physiologistes distingués reproduisent les mêmes assertions et publient, de plus, quelques expériences sur l'oreille du lapin, dans lesquelles ils ont constaté les mêmes résultats. Néanmoins, ceux-ci ne me paraissent pas à l'abri d'objections : l'application d'un courant descendant sur le sympathique cervical a, en effet, accéléré la circulation, mais, ainsi que les auteurs le reconnaissent eux-mêmes, le sympathique n'ayant pas été préalablement coupé, on peut supposer que l'altération chimique du nerf agit ici comme une section ; et si, au lieu d'appliquer les deux pôles sur le nerf, ils transportent le pôle négatif à la périphérie, loin du pôle positif, on peut aussi se de-

---

(1) Comptes-rendus de la Société de Biologie, 1868, p. 8. Je m'étonne que les auteurs qui ont écrit récemment sur ce sujet n'aient pas fait mention de ce remarquable travail.

mander si l'action chimique au pôle négatif n'agit pas sur les vaisseaux à la manière d'un irritant direct. Je n'ai, pour cela, répété leurs expériences que les deux pôles appliqués sur le bout périphérique du nerf coupé, et, je dois l'avouer, les résultats que j'ai obtenus sont loin d'être toujours favorables à leur manière de voir. Voici deux de mes expériences à ce sujet :

Exp. XI (18 avril). — Chien croisé boule-dogue, *non curarisé*.
2 h., section du sciatique gauche.
2 h. 30, la température de la patte est à 37 degrès C. Quelques minutes après, abaissement *spontané* à 34 degrés, puis, au bout de quelques minutes, élévation *spontanée* à 38°,4.
2 h. 45, la colonne mercurielle étant immobile, j'électrise le bout périphérique avec un courant *descendant* de 40 éléments Trouvé. Presque immédiatement, il se produit un abaissement de plusieurs dixièmes. On cesse le courant, et il se produit une élévation de température de 2 degrés.

Ainsi, l'effet immédiat a été un abaissement de la température. Quant à l'élévation qui s'est produite *après la cessation du courant*, c'est un effet consécutif observé parfois avec le courant d'induction, après l'abaissement préalable, ainsi que l'ont vu MM. Putzeys et Tarchanoff. Mais peut-être dans ce cas la patte était-elle trop chaude pour qu'il fût possible d'obtenir une élévation *d'emblée*. Au contraire, la température de la patte était *modérée* dans l'expérience suivante ; les conditions y étaient donc beaucoup plus favorables à la recherche des effets d'excitations différentes ;

Exp. XII. — Petit chien boule-dogue, *non curarisé*.
1 h. 45, section des deux sciatiques.
La température de la patte postérieure *gauche* s'élève, au bout de quelque minutes, à 28 c., puis redescend à 26. La faradisation du bout périphérique du sciatique avec un courant peu fort, pendant une minute, abaisse de 5 dixièmes la température de la patte. *Pas d'élévation consécutive.*
2 h. 45, galvanisation du bout périphérique du sciatique *droit* avec un courant continu descendant de 80 éléments Trouvé. Élévation de la température de la patte droite de 29 à 31 c. Il est certain qu'il n'y a pas eu d'abaissement initial momentané. (La galvanisation a duré deux minutes ; pendant la première minute il n'y a pas eu d'effet thermique appréciable.) On renverse le courant et, avec le courant ascendant, on a un abaissement léger ; on renverse de nouveau le courant et

on a avec le courant descendant une nouvelle élévation de quelques dixièmes de degré.

Cette expérience est d'ailleurs la seule où j'ai pu obtenir des résultats nets, conformes à ceux qu'ont annoncés MM. Legros et Onimus.

Je me borne aujourd'hui à la relation des expériences précédentes, espérant être bientôt en état de faire connaître dans une autre communication quelques faits nouveaux relatifs aux vasodilatateurs. Il me paraît peu nécessaire de résumer sous forme de proposition les faits contenus dans les pages précédentes. Le principal est celui-ci : qu'une excitation du bout périphérique du sciatique produit dans la patte correspondante des effets thermiques différents suivant l'état dans lequel se trouve l'appareil nerveux terminal (1). A l'énoncé de ce fait fondamental il convient d'ajouter

---

(1) Bien que des expériences sur la patte du chien relatées plus haut aient été faites à l'aide du thermomètre et que nous n'ayons par conséquent pu constater *de visu* que des phénomènes calorifiques, nous ne craignons pas d'affirmer que ces phénomènes correspondent à des changements de calibre des vaisseaux, car nous les avons dernièrement répétées avec succès en nous servant de l'appareil construit par le docteur Mosso, de Turin (modification de celui du professeur Fick), et qu'il avait employé avec avantage dans ses recherches sur la circulation dans le rein (*Ludwig's Arbeiten*, 1874, p. 156). C'est pendant uotre récent séjour à Leipzig que M. le professeur, Ludwig, avec son obligeance bien connue, nous a proposé cette vérification, et a mis à notre disposition cet appareil et son précieux concours. Que cet éminent maître veuille bien agréer nos remerciements. Nous devons aussi remercier M. le professeur Kronecker, qui a bien voulu nous assister dans ces expériences délicates. Voici comment elles ont été instituées : L'extrémité d'une des pattes postérieures d'un chien non curarisé était introduite jusque auprès de l'articulation tibio-tarsienne dans l'appareil (nous avons évité de l'y enfoncer plus profondément, car l'introduction des parties charnues dans l'appareil eût compliqué l'expérience) ; l'articulation était maintenue immobile grâce à une forte pince qui la fixait à un support. Cela fait, on faisait circuler dans l'appareil de l'eau glacée, on fermait les orifices servant à cette circulation, ne laissrnt libre que celui du tube indicateur horizontal, et, la patte étant froide, on pratiquait l'excitation du bout périphérique du sciatique. Puis, une

que certains modes d'excitation du bout périphérique du nerf, notamment le tiraillement et le passage d'un courant continu descendant paraissent agir d'une manière élective sur les fibres vaso-dilatatrices.

Toutes les expériences précédentes ont été faites dans le laboratoire de M. le professeur Béclard. Je ne saurais trop le remercier, ainsi que son savant préparateur le Dr Laborde d'avoir bien voulu m'y donner toutes les facilités de travail.

P.-S. — Postérieurement à la lecture de la note précédente à la Société de Biologie, j'ai eu connaissance d'un intéressant travail de M. le professeur Heidenhain, en collaboration avec M. Ostroumoff, afférant au même sujet (1). Je vais rapporter quelques-unes de leurs propositions. On verra que, faute d'avoir soupçonné le fait fondamental que j'ai énoncé plus haut, MM. Heidenhain et Ostroumoff ont émis des assertions erronées.

Ils disent, notamment, que l'électrisation du bout périphérique

---

demi-heure plus tard, on faisait circuler de l'eau à 50-60, et, la patte étant chaude, on faisait une excitation semblable du même nerf. Or, *les modifications* de volume *pendant l'excitation* du sciatique dans les deux conditions opposées de température de la patte présentent, avec les modifications constatées par l'observation à l'aide du thermomètre, le rapport le plus parfait, c'est-à-dire que, dans le premier cas, le volume de la patte a augmenté et que dans le second il a diminué, de même que dans ces conditions la température s'élève et s'abaisse. Nous n'avons pu cependant obtenir dans le premier cas la dilatation d'emblée ; l'augmentation nous a toujours paru précédée d'une diminution notable ; mais cela n'a rien d'étonnant, car le sciatique venait d'être coupé, ce qui nous mettait dans des conditions défavorables à la dilatation d'emblée ; et, d'ailleurs, nos expériences ont été peu nombreuses. Il ne nous paraît pas douteux que, si elles avaient pu être multipliées, nous aurions pu constater parfois la dilatation d'emblée, de même que nous avons constaté parfois l'élévation d'emblée de la colonne thermométrique.

(*Note postérieure à la lecture de notre mémoire*, 30 mai.)

(1) Heidenhain : *Ueber der Innervation der Blutgefaesse der aeusseren Haut* (DEUTSCHE ZEITSCHRIFT FÜR PRACT. MEDICIN, 1876, 19 février.

Ostroumoff : *Versuche ueber die Hemmungsnerven der Hautgefaesse* (PFLUGER'S ARCHIV, 3 mars 1876.)

du sciatique récemment coupé produit chez le chien, curarisé ou non, un rétrécissement vasculaire que l'on peut maintenir tout le temps que l'on veut. M. Heidenhain (DEUTSCHE ZEITSCHRIFT, p. 93) dit *une heure* durant, M. Ostroumoff (PF. ARCHIV., p. 226) avoue qu'il n'a fait en général durer l'expérience que 15 ou 20 minutes. Quoi qu'il en soit, il est inexact que l'on obtienne *comme on veut* un rétrécissement permanent. Plusieurs de mes expériences rapportées plus haut ont surabondamment montré que, sous ce rapport, l'assertion de MM. Putzeys et Tarchanoff est quelquefois exacte, et même celle du premier mémoire de M. Goltz, à savoir la *dilatation d'emblée*, sans abaissement préalable. Je l'ai expressément notée, alors même que le nerf était fraîchement coupé (expériences VIII, IX et X). On n'obtient donc pas *quand on veut* le rétrécissement permanent, *à moins qu'on ne place préalablement la patte dans certaines conditions sus-indiquées.*

Les auteurs dont j'examine le travail prétendent à tort que lorsque le nerf sciatique a été coupé depuis plusieurs jours (4 jours), l'excitation de son bout périphérique produit la dilatation des vaisseaux parce qu'alors, disent-ils, l'excitabilité des vaso-constricteurs est diminuée, celle des vaso-dilatateurs étant conservée.

Cette différence de résistance des deux espèces de nerfs n'est qu'une pure hypothèse, et, comme j'ai vu quelquefois l'excitation du bout périphérique du sciatique coupé depuis plusieurs jours être suivie d'une diminution de la température de la patte (1), si celle-ci était préalablement réchauffée, il faut admettre que l'augmentation de température, qui est en effet la règle, tient à ce qu'à la suite de la section du sciatique, la tonicité de l'appareil terminal s'est accrue. Or, j'ai montré plus haut qu'en ce cas l'excitation des fibres vaso-constrictives ne peut avoir d'effet utile et que c'est l'action de leurs antagonistes qui doit nécessairement l'emporter.

---

(1) M. Ostroumoff rapporte lui-même une expérience où l'excitation du nerf coupé depuis quatre jours a produit *d'abord* un refroidissement (*loc. cit.*, p. 229, 2ᵉ colonne). L'excitation portait sur le sciatique droit ; elle a duré 14 ou 15 minutes. Or, la température de la patte s'est abaissée de 37°,8 à 35°,1. Ce n'est qu'après la fin de l'excitation qu'elle s'est élevée progressivement à 38°,5.

Lépine.

NOTE ADDITIONNELLE

RELATIVE

A L'INFLUENCE DE L'ÉCHAUFFEMENT ET DU REFROIDISSEMENT

DU CŒUR

SUR LES EFFETS DE L'EXCITATION DU NERF VAGUE

Par MM. R. LÉPINE et TRIDON.

On peut considérer *hypothétiquement* la dilatation et le resserrement des vaisseaux de la périphérie comme les analogues de la
diastole et de la systole cardiaques (1). Or, le refroidissement de
la patte favorisant la dilatation vasculaire (diastole), ainsi qu'on
l'a vu dans le mémoire précédent, et l'échauffement y mettant obs-
tacle, il nous a paru d'un grand intérêt de rechercher si la diastole
cardiaque produite par l'excitation du pneumogastrique s'obtient
plus facilement lorsque le cœur est refroidi que lorsqu'il est
échauffé.

Afin de résoudre cette question, en nous mettant autant que possible à l'abri de toute cause d'erreur, nous avons institué notre

---

(1) Cette supposition est d'autaut plus légitime que ces phénomènes
peuvent être rhythmiques (Voyez pour la Bibliographie : Vulpian, Leçons sur les vaso-moteurs, 1875, t. I, p. 73) et qu'ils sont, comme on
sait, depuis le travail de M. Vulpian sur les mouvements rythmiques
de l'oreille du lapin (Société de Biologie, 1856), indépendants du sys-
tème nerveux central; on a pu remarquer, dans deux des expériences
précédentes, où les deux chiens n'étaient pas curarisés (Exp. VIII et
XI), que la patte paralysée présentait des oscillations *spontanées* de
température qui, selon toute vraisemblance, s'expliquent par des modifications de calibre des vaisseaux.

expérience sur un cœur *isolé* de l'animal ; et, comme la fixation de canules dans les gros vaisseaux eût nécesairement compromis les rameaux cardiaques du vague, nous n'avons pas fait de circulation artificielle, ce qui d'ailleurs n'était pas nécessaire, le cœur ayant continué pendant tout le temps de l'expérience et bien au delà, à battre avec régularité. Nous avons choisi le cœur de la tortue, parce que son plus gros volume le rendait plus commode que celui de la grenouille.

Sur une tortue, nous disséquons avec soin le pneumogastrique de chaque côté, et nous enlevons en masse le cœur, l'origine des gros vaisseaux et les deux nerfs que nous détachons le plus près possible de leur sortie du crâne. Nous plaçons alors le cœur dans une petite cupule fixée elle-même au milieu d'un vase de plus grande dimension, destiné à recevoir de l'eau qui nous servira à échauffer ou refroidir le cœur suivant les besoins de l'expérience. Les nerfs pneumogastriques sont installés à demeure sur les électrodes.

L'appareil qui nous a servi à enregistrer les mouvements du cœur est le cylindre enregistreur de Marey, tournant avec la vitesse d'un tour par minute. Sur ce cylindre venait écrire un tambour à levier communiquant avec un simple tambour à membrane destiné à recueillir le mouvement. Une tige verticale légère, terminée par une plaque de liége très-mince et reposant sur le cœur, transmettait ce mouvement à la membrane de ce dernier tambour.

Au début de l'expérience, le cœur, placé dans la cupule, est à la température de 15° environ, et le tracé qu'il nous donne indique douze battements par minute. Le rhythme est parfaitement régulier. Nous commençons l'excitation des pneumogastriques entre deux battements. Or, nous n'empêchons pas la production de celui qui, normalement, allait avoir lieu ; mais, après ce battement, le cœur est complétement arrêté pendant tout le temps que dure l'excitation (douze secondes), et même encore un peu après qu'elle a cessé. Puis il recommence son mouvement avec le même rhythme que précédemment.

Nous versons alors de l'eau chaude dans le vase qui contient la cupule et le cœur. Celui-ci s'échauffe graduellement ainsi que nous pouvons en juger par les modifications du tracé. En effet, les battements s'accélèrent et en même temps leur durée diminue considérablement.

Nous excitons de nouveau les pneumogastriques, l'intensité du courant étant *identiquement la même*, et nous voyons le cœur continuer à se contracter pendant toute la durée de l'excitation (vingt secondes). Des cinq battements qui se produisent dans cet intervalle, les deux premiers conservent leur rhythme normal, les trois autres sont un peu plus espacés. (Normalement, 7 battements auraient dû se produire dans cet espace de temps de vingt secondes, le nombre par minute étant 21 ; ceci nous donne la mesure de l'échauffement, puisque ce nombre était de 12 au début.)

Nous remplaçons alors par de l'eau froide l'eau chaude qui entourait le cœur, et nous amenons celui-ci à une température plus basse que celle du début (12° environ).

Les battements sont ralentis, faibles et d'une grande durée. Le courant excitateur, toujours le même, les arrête absolument.

De nouveau nous échauffons le cœur, que nous portons à une température un peu plus élevée que la première fois. Nous excitons et nous voyons les battements devenir d'abord faibles et tumultueux, puis intermittents et d'une grande intensité et de nouveau faibles et fréquents. En un mot, le cœur semble être excité plutôt que ralenti. Une deuxième excitation à cette température nous donne les mêmes résultats.

Enfin un dernier refroidissement nous permet d'obtenir un nouvel arrêt absolu.

Nous sommes donc en droit de conclure de cette expérience :

Que l'excitation des pneumogastriques n'a d'une façon constante arrêté les mouvements du cœur que si la température était relativement basse ;

Qu'à une température un peu plus élevée cette excitation, toutes choses égales d'ailleurs quant à son intensité et à sa durée, n'a pas arrêté les battements et qu'elle en a seulement modifié le rhythme et l'amplitude ;

Qu'à une température encore plus élevée elle a troublé profondément les battements, les accélérant beaucoup en même temps qu'elle diminuait leur intensité. A un certain moment de l'excitation, il est vrai, quelques battements peuvent s'espacer davantage ; mais comme ils ont une amplitude beaucoup plus grande que les autres et même que les battements normaux, et qu'ils gagnent en intensité ce qu'ils perdent en fréquence, on peut affirmer que l'excitation du pneumogastrique, lorsque le cœur est échauffé, a pour effet l'augmentation de travail du cœur, tandis que, dans les conditions normales, elle diminue au contraire son travail, ainsi que l'a prouvé Coats sous la direction de M. Ludwig (1). Or, l'augmentation du travail du cœur est incompatible avec la diastole de cet organe ; l'échauffement a donc sur lui le même résultat que sur les vaisseaux de la patte.

Nous n'avons pas besoin de faire remarquer, en terminant, que notre expérience, malgré un point de contact, n'a pas de rapport avec celles de M. Schelske et de M. E. Cyon (2). Car, ni l'un ni l'autre de ces auteurs ne s'est proposé de rechercher, comme nous, si l'excitation du vague arrête mieux un cœur refroidi qu'échauffé, et si elle peut augmenter le travail d'un cœur échauffé. Ils ont simplement essayé de faire battre de nouveau un cœur arrêté par la chaleur (3). Nous avons donc raison de dire que cette expérience n'a pas de rapport avec la nôtre.

P. S. — Pendant l'impression de la note précédente, nous avons reçu de M. le professeur Ludwig un travail des plus importants, fait sous sa direction et dans son laboratoire, par M. le docteur Baxt et imprimé cette même semaine. Parmi de nombreuses expériences sur les effets de l'excitation du vague et de l'accélérateur sur le chien, M. Baxt en rapporte quelques-unes dans lesquelles la température de l'animal était artificiellement élevée ou abaissée. Or les résultats qu'il a obtenus dans ces conditions présentent avec les nôtres une si grande analogie que nous ne pouvons nous dispenser de les faire connaître, en nous félicitant de cette concordance, qui établit une présomption si forte en faveur de l'exactitude des faits que nous avons constatés.

---

(1) *Ludwig's Arbeiten*, 1869, p. 176.

(2) Schelske, *Ueber die Veræenderungen der Erregbarkeit durch die Waerme.* Heidelberg, 1860.

E. Cyon, *Ludwig's Arbeiten*, 1866, p. 77.

(3) Je dois rappeler que MM. Eckhard, Meyer, Bernstein et Rosenthal (BERLINER K. WOCHENSCH, 1869) ont mis en doute l'exactitude de l'expérience de Schelske. (Voir ECKHARD'S BEITROEGE. VII, p. 3-6.)

Le chien curarisé était placé dans une caisse à doubles parois, entre lesquelles se trouvait de l'eau à la température voulue. C'est ainsi qu'ont été produites les variations de température de l'animal, assez considérables, comme on va voir :

En excitant avec le courant induit le nerf *accélérateur seul* pendant six secondes, M. Baxt a obtenu, dans son expérience A de réchauffement, les chiffres suivants (1) :

Température de l'animal dans le rectum.	Nombre de pulsations pendant six secondes avant l'excitation.	Nombre maximum de pulsations pendant 6 secondes consécutivement à l'excitation.	Augmentation pour 100 du nombre des pulsations.
Degrés			
34,5	15,4	20,1	30,1
35,2	15,8	20,8	31,6
35,6	15,1	22,5	48,5
36,4	14,9	22,5	51
37	15	23,4	55,2
37,9	15,8	24,4	54
38,4	15,1	25,8	70,1
39,2	16,1	26,4	63,7
39,6	16	27,6	72
40,4	17,3	28,9	67,2

On remarquera que les nombres de la 3° colonne forment une progression régulière, et que cette progression est plus rapide que celle de la colonne 2 (laquelle présente quelques légères irrégularités, ainsi qu'il est facile de le voir en construisant les courbes. Ces irrégularités sont la cause de celles que présente la progression de la 4° colonne).

Ainsi, l'excitation du nerf accélérateur accroît d'autant plus le nombre des pulsations que la température de l'animal est plus élevée ; de plus, dans ce cas, l'accélération a lieu plus rapidement.

Il nous semble inutile de rappeler ici le détail des expériences de M. Baxt; qu'il nous suffise de dire que, sous ce rapport, la pro-

(1) *Ueber die Stellung des Nervus vagus zum Nervus accelerans cordis* (aus den LUDWIG's ARBEITEN, 1875, mit.)IX Tafeln, 1876, page 19). — Nous avons supprimé la seconde décimale.

gression est très régulière. Ainsi, dans la même expérience A de réchauffement, nous avons :

Température de l'animal daus le rectum.	Nombre de pulsations pendant deux secondes avant l'excitation.	Accroissement du nombre de pulsations de la 4ᵉ à la 6ᵉ seconde d'excitation.
Degrés.		
34,8	5,2	1
36	5	1,7
37,4	5,1	2,2
38,8	5,2	2,8
40	5,5	3,2

Enfin, plus la température est élevée, plus longtemps l'accélération persiste.

L'élévation de la température a donc sur les effets de l'excitation de l'accélérateur une triple action : elle rend l'accélération plus grande, plus précoce et plus prolongée. Cette triple action s'est manifestée dans toutes les expériences de M. Baxt.

Quant à l'influence de la température sur les effets de l'excitation du vague seul (c'est-à-dire des fibres d'arrêt seules), cet expérimentateur ne l'a pas nettement constatée, parce que l'action de ce nerf est tellement énergique qu'elle se manifeste avec une grande intensité, même avec une excitation peu prolongée. D'ailleurs ce point ne rentrait pas, à proprement parler, dans son sujet, et il y aurait peut-être lieu de reprendre ses expériences en employant une excitation minima.

Passons aux résultats obtenus par l'excitation simultanée du vague (fibres d'arrêt) et de l'accélérateur, pendant six secondes.

Tant que dure l'excitation, vu la prédominance du vague, il y a un ralentissement des pulsations ; les effets de l'excitation de l'accélérateur sont donc masqués. Mais, dès qu'elle a cessé, ces derniers se manifestent et l'accélération se produit alors d'autant plus rapidement que la température est plus élevée :

A 39° c. elle atteint son maximum (5 pulsations par seconde) en 6 secondes.

A 37° c. elle atteint son maximum (4 pulsations par seconde) en 8 secondes.

A 28° c. elle atteint son maximun (2 pulsations par seconde) en 14 à 16 secondes.

Nous nous bornons à ces extraits de l'important travail de M. Baxt. Ils suffisent à montrer l'analogie des ses résultats et des nôtres.

Nous n'ajouterons qu'un mot : c'est sans doute parce que nous avons pu faire varier la température du cœur de notre tortue dans des limites plus étendues, que nous avons eu l'avantage d'observer avec la même excitation un arrêt diastolique quand il était préalablement refroidi, et un accroissement de travail s'il était préalablement réchauffé, c'est-à-dire une plus frappante ressemblance avec les effets de l'excitation du sciatique sur les vaisseaux de la patte, suivant qu'elle est froide ou chaude, à savoir une dilatation (diastole) dans le premier cas, une constriction dans le second (1).

---

(1) Nous n'avons pas besoin de rappeler que ces mots de *froide* et *chaude* non-seulement ne sont pas précis, mais qu'ils ne sont pas parfaitement exacts. Il faudrait dire : « Suivant que le tonus de l'appareil terminal est fort ou faible. » (*Voyez ci-dessus*, page 12.)

www.ingramcontent.com/pod-product-compliance
Ingram Content Group UK Ltd.
Pitfield, Milton Keynes, MK11 3LW, UK
UKHW021043120726
13693UKWH00005B/2402